BIG IDEAS
超级脑洞

动物世界大比拼

〔英〕克莱尔·希伯特 〔英〕威廉·波特 〔英〕亚当·菲利普斯 著

〔加〕卢克·赛甘－马吉 绘 唐靖 译

U0257410

晨光出版社

图书在版编目（CIP）数据

动物世界大比拼 /（英）克莱尔·希伯特，（英）威廉·波特，（英）亚当·菲利普斯著；（加）卢克·赛甘－马吉绘；唐靖译 . -- 昆明：晨光出版社，2025.1
（超级脑洞）
ISBN 978-7-5715-1990-2

Ⅰ.①动… Ⅱ.①克…②威…③亚…④卢…⑤唐… Ⅲ.①动物－儿童读物 Ⅳ.① Q95-49

中国国家版本馆 CIP 数据核字 (2023) 第 078162 号

著作权合同登记号 图字：23-2023-008 号

CHAOJI NAODONG
DONGWU SHIJIE DA BIPIN
BIG IDEAS
超级脑洞

动物世界大比拼

〔英〕克莱尔·希伯特 〔英〕威廉·波特 〔英〕亚当·菲利普斯 著
〔加〕卢克·赛甘－马吉 绘 唐靖 译

出 版 人 杨旭恒

项目策划	禹田文化	项目编辑	卢奕彤
执行策划	姚俊雅	装帧设计	张 然
责任编辑	杨亚玲	营销编辑	张玉煜
版权编辑	张晴晴	责任印制	盛 杰

出　　版	晨光出版社
地　　址	昆明市环城西路 609 号新闻出版大楼
邮　　编	650034
发行电话	（010）88356856　88356858
印　　刷	小森印刷霸州有限公司
经　　销	各地新华书店
版　　次	2025 年 1 月第 1 版
印　　次	2025 年 1 月第 1 次印刷
开　　本	145mm×210mm　32 开
印　　张	4
I S B N	978-7-5715-1990-2
字　　数	90 千
定　　价	28.00 元

退换声明：若有印刷质量问题，请及时和销售部门（010-88356856）联系退换。

目录

你喜欢猫还是鲨鱼？

这本书里讲的全是关于动物的趣事，你一定会爱上这本神奇的动物之书！

想知道小狗为什么喜欢嗅彼此的屁股，小猫总是不停打闹吗？想潜入鲨鱼生活的幽暗海底看一看吗？想知道狡猾的蛇在想什么吗？话不多说，我们赶快踏上这场奇妙的狂野之旅吧！这本书绝对会让你惊掉下巴，哈哈大笑！

彪悍的动物

鲨鱼生活在哪里呢?

世界上有 400 多种鲨鱼。无论在冰冷的极地水域,还是在温暖的热带海洋,都能看到它们的身影。从浅海到深海,不同水深的区域里都有鲨鱼。

鲨鱼的皮肤光滑吗?

鲨鱼的皮肤看起来很光滑,其实长满了重叠的细小鳞片。这些鳞片被称作"盾鳞",能减少阻力。如果逆着鳞片的方向抚摸鲨鱼,你会发现它的皮肤如同砂纸一样粗糙。在鲨鱼的一生中,盾鳞也会新陈代谢,旧的盾鳞会被新生的鳞片代替而脱落。

鲨鱼从不睡觉吗?

大多数鲨鱼需要不停游动才能获得氧气。不过,鲨鱼也要睡觉,它们睡觉时会让左脑和右脑轮流休息。

鲨鱼究竟有多少颗牙齿？

鲨鱼的牙齿每隔几周就换一次，所以总是很锋利。这些牙齿在鲨鱼的嘴巴里排列成行，"现役"的一颗或整排牙齿脱落时，后排的牙齿就会向前移动，取而代之。在鲨鱼的一生中，大约总共会更换 30000 颗牙齿！

鲨鱼的牙齿长什么样？

不同食性的鲨鱼，牙齿长得不一样。有的鲨鱼的牙齿像矛一样锋利，便于捕食滑溜溜的鱼和乌贼；有的鲨鱼牙齿则比较钝，更容易压碎贝类。比如，大白鲨的牙齿呈三角形，便于撕咬海豹。

哪种鲨鱼的下颌最大？

大白鲨的下颌最大，它的咬合力极强。

鲸的头上有"包"吗?

齿鲸头顶上有一块球形凸起物,被称为"额隆",它对齿鲸十分重要。齿鲸利用额隆进行回声定位,探索四周的环境,还会通过这个办法追踪猎物。

虎鲸是鲸吗?

不是!虎鲸又被称作"逆戟鲸",它其实是一种鲸目海豚科动物。

泡泡真的能够帮鲸捕猎吗?

一些鲸会用吹泡泡的方法来诱捕鱼群。猎物们被困在密密麻麻的泡泡里,无法逃出去,只好乖乖地束手就擒。

蓝鲸究竟有多大呢？

　　蓝鲸是地球上现存最大的动物！它的体长可达33米，体重可达180吨。光是它的舌头，就有一头雌性大象那么重。

地球上最庞大的幼崽呢是哪种动物的？

　　答案是蓝鲸。蓝鲸幼崽的体型比大多数动物的成体体型还要大得多，它们刚出生时的体长就能超过7米。蓝鲸的生长速度也几乎比所有动物都要快得多，基本上在18个月左右时就达到了成年体型。

哪种哺乳动物最长寿？

　　弓头鲸。它们生活在北极海域，寿命可超过200岁。

海豚只生活在海洋里吗？

大部分海豚都生活在海洋里，但在南美洲和亚洲的淡水河流里，还生活着4种河豚。其中，亚马孙河豚也被称作"粉红河豚"，长长的喙部和粉红肤色是它们的典型特性。

海豚有很多牙齿吗？

海豚牙齿的数量跟种类有关。长吻飞旋海豚的牙齿超过200颗，它们靠牙齿来捕猎。里氏海豚则只有下颌长着牙齿，而且数量稀少，仅有4颗。

什么海豚频临灭绝？

毛伊海豚生活在新西兰附近的海域里，由于人类捕鱼和采矿行为的泛滥，它们的生存受到了巨大的威胁。据估计，如今世界上大约只有60只毛伊海豚了。

海豚怎么睡觉呢？

当感到疲惫时，宽吻海豚可以让一侧大脑进入休息状态。也就是说，海豚们让自己的一侧大脑放松休息，另一侧大脑则保持清醒，以提防敌人。

海豚究竟有多聪明？

海豚是世界上最聪明的动物之一。它们的"语言系统"很复杂，能通过咔嗒声、哨声、尖叫声等"语言"与同伴进行交流。人类还观察到海豚能够利用工具来解决难题呢！

海豚是鱼吗？

虽然海豚的外表看上去很像鱼，但它实际上是哺乳动物。海豚以胎生的方式繁衍后代，体表有毛发，而且需要浮出水面呼吸。

鱼儿在黑漆漆的海底怎样生活？

光线无法抵达的海洋深处，看上去漆黑一片。深海里的鱼儿们只好自己解决光源的问题，办法就是"生物发光"。深海里的绝大部分生物会通过发光来吸引配偶、引诱猎物，并发现敌人。

珊瑚是什么？

虽然珊瑚看上去像是一堆色彩明艳的石头，但实际上它们是珊瑚虫分泌的骨骼。珊瑚虫是一群小小的刺胞动物，它们在生长过程中会不断分泌钙质的骨骼。这些骨骼堆积得越来越多，就逐渐形成了珊瑚礁。

我们对深海了解多少呢？

科学家们认为，我们目前只发现了9%的水生生物。人类对深海的探索才刚刚起步。

鱼会咀嚼吗?

不会。鱼如果在进食时咀嚼，会干扰流过鱼鳃的水流，导致无法有效摄取氧气而窒息。所以，有些鱼会将食物一口吞下，有些鱼则是喉咙里有牙齿状的研磨结构，能把食物弄碎。

鲨鱼的背鳍有什么用处呢?

在一些恐怖电影中，一旦水面浮现出鲨鱼的背鳍，就说明鲨鱼要来了！实际上，对鲨鱼而言，背鳍像是一种稳定器，能有效帮助鲨鱼在水中保持平衡。

鲨鱼多久捕食一次?

鲨鱼总是在捕食。它们捕食时的速度极快，有时能达到 70 千米 / 小时。为了生存，鲨鱼每天都要吃掉约自身体重 3% 的食物。

绿海龟能游多远？

为了产卵，绿海龟会在海里"长途跋涉"，可以游上超过2200千米的距离。

鲨鱼是怎样游动的呢？

鲨鱼在水里游动时，脑袋会左右摆动，尾巴则是助推器，能推动身体向前移动，而且尾巴的形状对捕猎也大有用处。

鱼为什么不会沉到水底？

鱼通过鱼鳔肌控制鱼鳔的收缩和膨胀，使体内空气的含量产生变化而调节身体的密度，在水中产生的浮力也会随之变化，达到在水中自由上下漂浮的目的。

护士鲨是什么样的鲨鱼?

护士鲨学名"铰口鲨",其头部形状和护士帽类似。它们大部分时间都栖息在海底,不需要快速移动。当它们要捕食螃蟹和龙虾时,就靠来回摆动尾巴前进。

鲸有脚吗?

现在没有,但鲸曾经有过脚!它们的骨骼结构显示,鲸鱼曾有骨盆。有时,刚出生的幼崽也会有后肢生长的痕迹。科学家们认为,鲸的祖先是像狼那样的陆生哺乳动物,说不定还有马一样的蹄子呢!

鲨鱼的骨头有什么特殊之处？

严格来说，鲨鱼的骨头应该被称为软骨，它并不是真正意义上的骨头，而是一种更轻巧、更柔韧的物质。我们人类也有软骨，比如鼻尖位置的骨头就是软骨。

为什么圣诞岛红蟹要横穿马路？

为了繁衍后代，圣诞岛红蟹每一年都要翻山越岭，奔往位于印度洋的圣诞岛。为了确保红蟹的安全，当地人甚至在马路上为它们修建了专用的桥，以免红蟹被过往的汽车碾压。

蜘蛛蟹能活多久呢？

日本蜘蛛蟹的寿命可长达 100 多岁。

河里也有鲨鱼吗？

有。公牛真鲨是可以在淡水中生存的鲨鱼，相比那些生活在海洋里的鲨鱼，遭遇它们的概率会更高。公牛真鲨分布广泛，例如密西西比河、亚马孙河、赞比西河和恒河里，都能看到它们的身影。

世界上最袖珍的螃蟹是什么呢？

当然是豌豆蟹啦！它们名不虚传，真的只有豌豆那么大。这种小小的海洋生物寄生在贝类，如牡蛎、贻贝和蛤蜊等身上。

鲨鱼为什么会自相残杀？

水中的血腥味和受到惊吓而慌乱的鱼群，会给鲨鱼们造成极大的刺激。这样一来，鲨鱼很可能会把同伴也当成猎物，自相残杀，互相猎食。

鲨鱼会组队捕食吗？

短尾真鲨和镰状真鲨会组队捕食。它们齐心协力，将鱼群驱赶成球状，再对密密麻麻挤在一起的鱼群下手，大快朵颐。沙锥齿鲨也会组队捕食，它们甩动尾巴，激起波浪，把鱼群赶到浅水区。有时候，礁鲨会尾随其后，趁火打劫，吃掉一些被困的鱼。

谁被称为"海狼"？

蓝鲨被称作"海狼"。蓝鲨大多时候都独来独往，但在围猎时会成群结队，它们以鱼儿、鱿鱼和海鸟为食。

鲨鱼都很危险吗？

并非所有鲨鱼都很危险。有些鲨鱼只是性情温和的"大块头"。它们是滤食性动物，只吃小鱼和浮游生物，比如鲸鲨、姥鲨和巨口鲨。

滤食性鲨鱼怎样进食？

滤食性鲨鱼进食的时候会张大嘴巴，在水里游来游去。每隔一段时间，它们就闭上嘴巴，将海水从鳃部挤出去。滤食性鲨鱼有着被称作"鳃耙"的结构，形似鬃毛，能够阻止食物随水流出去，并将食物滑入喉咙中。

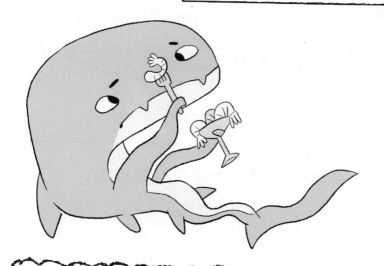

为什么体型庞大的鲨鱼能靠微小的浮游生物存活？

鲸鲨和巨口鲨能像吸尘器一样迅速地吸入大量的水和食物。凭借着具有强大吸力和宽达 1.5 米的大嘴巴，鲸鲨吃掉的浮游生物足以维持它重达 20 吨的庞大身躯。

谁在鲨鱼身上"搭便车"呢？

鲫鱼是一种小型鱼类，它们利用脑袋上的吸盘紧紧地吸附在鲸鲨腹部上，鲸鲨进食时掉落的残渣就是它们的食物。

海洋里的捕食者如何引诱猎物？

巨口鲨生活在深海里，是一种十分神秘的鲨鱼。它的嘴巴附近有发光器，可以引诱浮游生物和小型鱼类。

水母能"二次生长"吗？

灯塔水母有特殊的本领。当遭受重创或饥饿难耐时，灯塔水母会退回到水螅状态，再慢慢重新长大为成年状态。重生后的灯塔水母跟之前水母的基因完全一样。也就是说，之前的灯塔水母并没有死掉，而是在重复生长。

谁是海洋里有毒的"危险分子"？

生活在太平洋里的箱形水母毒性极强。要是成年人不小心被箱形水母蜇了，在几分钟内就可能不治而亡。

水母的五官在哪里？

水母没有心脏、大脑和眼睛，但是有嘴巴。它们用嘴巴排泄！

鲨鱼捕猎的时候像电影里一样凶猛吗？

不一定。大白鲨在捕食时会翻白眼。

被水母蜇了应该用尿冲洗吗？

不可以！这是一种讹传。科学家们认为，这样做很可能适得其反，用水清洗并及时就医更妥当。

水母的成分是什么？

水母体内的含水量高达95%，剩余5%则由肌肉、神经和结构蛋白组成。

你知道吗？

如果把鲨鱼翻过来，它会进入昏睡状态，这种现象被称为"强直静止"，是一种非条件反射行为，持续时间可长达15分钟。

哪种鲨鱼是胎生动物？

　　柠檬鲨是为数不多的胎生鲨鱼种类之一。柠檬鲨的子宫可以容纳 17 条鲨鱼宝宝，它们在母亲体内发育，通过脐带从胎盘中获取氧气和营养。

鲨鱼妈妈会照顾自己的宝宝吗？

　　不会。不过，鲨鱼妈妈会选择在较浅的沿海水域里生产，这里通常没有其他捕食者，宝宝能够平安长大。

"美人鱼的钱包"是指什么呢?

大约有三分之一的鲨鱼在水中产卵。小鲨鱼的胚胎要在坚硬的革质卵鞘里发育 2—15 个月,等小鲨鱼孵化完全后,就会钻出卵鞘。空空的卵鞘被海浪冲到岸边,这种空壳就被称为"美人鱼的钱包"。

小丑鱼会"变性"?

所有的小丑鱼出生的时候没有固定性别,当它们长大后,鱼群中体型最大的小丑鱼会成为雌性。

章鱼能有多"老"呢?

迄今为止,人们发现最古老的章鱼化石来自石炭纪,其所处的年代比最早的恐龙还要早约 5000 万年。

为什么说海马是最称职的爸爸呢？

海马是地球上唯一一种由雄性生育后代的动物。

鲨鱼的"锯子"有什么用呢？

锯鲨十分稀有。它们的身子又宽又扁，最显著的特征是吻突出成一条长板的形状，两侧布满尖锐的齿，看上去很像一把锯子，这是它们的吻锯。锯鲨利用吻锯来攻击猎物，寻找藏在海床中的贝类。

鲨鱼也会伪装吗？

　　有些鲨鱼身上长着地毯一样的斑纹，便于伪装。斑纹须鲨就是一种十分擅长伪装的鲨鱼，倒钩的触须如同海草在水中摇摆，使斑纹须鲨能够完全融入海底环境，以引诱猎物。

恐龙时代有鲨鱼吗？

　　有！鲨鱼比恐龙出现得更早。鲨鱼的祖先大概在 4.5 亿年前就在海洋里遨游了，比最早出现的恐龙还要早 1.9 亿年呢！

激进的动物

爬行动物如何维持体温呢?

爬行动物是冷血动物,所以必须利用外部热量来维持体温。许多生活在炎热地区的蜥蜴会通过晒太阳的方式来维持体温。

蛇有眼睑吗?

没有。蛇没有眼睑,所以它们不眨眼睛,眼睛也不会转动,它们甚至没有能够使眼睛转动的肌肉。大多数蛇都是近视眼,眼中看到的东西模糊不清。

蜥蜴有眼睑吗?

大多数蜥蜴都有眼睑,这点跟哺乳动物一样。但有些蜥蜴类不会眨眼睛,比如壁虎。不过,壁虎的眼睛上有一层透明薄膜,可以让眼睛保持湿润,防止灰尘进入眼中。为了让眼球保持湿润,壁虎还会用舌头舔眼球。

有"双目失明"的爬行动物吗？

有的！盲蛇生活在地下，通过其他感觉器官来觅食。它们以白蚁和蚂蚁卵为食，1分钟内就能狼吞虎咽地吃掉100个蚂蚁卵！

蛇是如何"看清"猎物的呢？

蟒、蚺、蝮蛇的嘴巴附近有颊窝，具有感热功能，使它们可以探测到温血动物的存在。颊窝感知到的热量信息被传送到大脑后，转化为热成像图，蛇就是这样"看清"猎物的。

为什么爬行动物总爱吐舌头？

蛇、蜥蜴这类爬行动物喜欢不停地吐舌头，对它们而言，舌头既具有味觉功能，也具有嗅觉功能。它们把舌头伸出嘴巴外，接收空气中的化学信号。当舌头缩回嘴巴里后，舌头上的两个小分叉分别插入位于口腔壁上的雅各布森氏器官（也叫犁鼻器），对气味进行分辨。

壁虎的脚有黏性吗？

没有。壁虎的脚趾上有无数根绒毛，每根绒毛上都有一个钩子状的结构，可以轻而易举地抓住物体表面微小的突起。因此，壁虎几乎能在任何物体表面爬行，就算是在天花板上，也能行动自如。

壁虎能在黑暗中看见东西吗？

壁虎的眼睛对光线超级敏感，其敏感度是人眼的 350 倍，因此它们具有良好的夜视能力。在昏暗的月光下，人眼可能只能看到黑白两色，但在壁虎的眼里，世界依然是色彩斑斓的。

壁虎会飞吗？

壁虎不会飞，但有些壁虎可以滑翔。飞行壁虎拥有翼膜，能发挥降落伞的作用，使其能够在 60 米高的树林间滑翔。

蜥蜴具备什么样的求生技能？

当遇到危险时，许多蜥蜴会断尾求生。断掉的尾巴会继续摆动一阵，从而分散捕食者的注意力，让蜥蜴能够趁机逃走。

蜥蜴断掉尾巴不会难受吗？

断掉尾巴当然不好受啦！而且，蜥蜴的尾巴里存储着许多脂肪，当食物匮乏时，蜥蜴要靠尾巴里的脂肪来维持生命，直到找到食物为止。

蜥蜴断掉的尾巴还能长出来吗？

放心吧！蜥蜴的尾巴断掉之后会长出一条新的，不过不会跟之前的一模一样。

蛇是怎么用尾巴捕食的呢？

有些蛇会摆动尾巴，好让猎物误以为蛇的尾巴是蠕虫之类的小动物，从而进入蛇的攻击范围内。眼镜蛇和角棕榈蝰蛇都是利用尾巴捕食的高手。

哪种蛇最强壮？

绿森蚺也许是最强壮的蛇，一条成年绿森蚺的绞杀力量在4吨左右，相当于40个100千克重量的人压在你身上。

蛇会把动物勒死吗？

绞杀型蛇在捕猎时会用缠绕的方式令猎物窒息而死。世界上体型最大的蛇——蟒、蚺都用这种方式捕猎。

绿森蚺能有多大呢？

绿森蚺可以长到 9 米长，重达 249 千克。它的猎物包括野猪、鹿、水豚，甚至美洲虎。

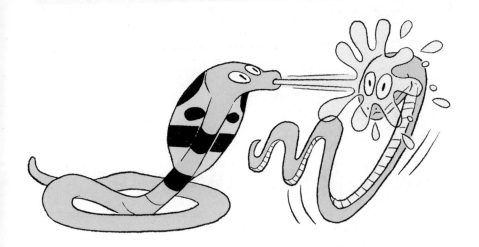

毒蛇是怎样攻击猎物的呢？

毒蛇在攻击猎物时，会用毒牙狠狠地咬住猎物。两颗毒牙就像一对致命的注射器，将毒液注入猎物体内。有的蛇还有特殊的毒牙：蝰蛇的毒牙很长，不用的时候会折叠起来。

眼镜蛇会喷射毒液吗？

有些蛇会利用毒液自卫。如果捕食者距离射毒眼镜蛇不到 3 米远，很可能会被毒液喷溅。射毒眼镜蛇的毒液要是喷到了捕食者的眼睛里，会使其失明。

哪种蛇是世界上毒性最强的蛇呢？

贝尔彻海蛇是目前已知的世界上毒性最强的蛇，只需一口毒液，就足以毒死 1000 人左右。它的毒性比陆地上毒性最强的毒蛇——太攀蛇还要强 10 倍。

只有蛇具有毒性吗？

不是，大约有 100 种蜥蜴也有毒。不过也不用担心，绝大多数蜥蜴的毒性对人类构不成威胁。

有毒蛇和无毒蛇之间到底有什么区别呢？

毒蛇有毒牙，位于上颌骨无毒牙的前方或后方，毒牙分为前沟牙和管牙；无毒蛇没有毒牙，牙齿较短。还可通过毒液管区分它们：毒蛇有毒液管，无毒蛇则没有。

哪种蜥蜴的体型最大呢？

科莫多巨蜥是世界上体型最大的蜥蜴，生活在印度尼西亚。它们的体长可达 3 米，体重可达 70 千克。

科莫多巨蜥如何捕猎呢？

乍一看，科莫多巨蜥似乎并非捕猎高手，但它们其实擅长伏击，捕食猴子、鹿、野猪等。虽然这类大型动物猎物不会当场毙命，但科莫多巨蜥的唾液里含有大量细菌和毒素，被咬伤的动物在几天后就会毒发身亡。凭着灵敏的嗅觉，科莫多巨蜥会循踪而来，找到动物的尸体大快朵颐。

科莫多巨蜥会自相残杀吗？

会！科莫多巨蜥不仅猎食其他动物，连同类也不放过。成年的科莫多巨蜥会吃掉年幼的小巨蜥。为了自保，年幼的科莫多巨蜥会在身上裹满便便，让自己变得臭烘烘的。

如何区分短吻鳄和其他鳄鱼呢？

短吻鳄的上颚比下颚宽，吻部又宽又圆，所以当其闭上嘴巴时，我们看不见它的牙齿；而其他鳄鱼的吻部又尖又长，当其闭上嘴巴时，上下颚的牙齿会像锁链般咬合在一起，有些牙齿还会突露于嘴巴外。

鳄鱼为什么会流泪呢？

鳄鱼流眼泪是为了排除体内多余的盐分，并不是真的在哭泣。所以，人们有时会用"鳄鱼的眼泪"来形容虚情假意的同情。

为什么鳄鱼的脑袋长得这么奇怪？

鳄鱼大多数时候都潜伏在水底，所以它们的眼睛和鼻孔长在脑袋上方，方便观察水面。

鳄鱼的胃究竟有多强？

鳄鱼吃东西时并不细嚼慢咽，而是大块吞下。它们拥有强大的胃酸，两三天就能将食物彻底消化，即使是骨头也不在话下，只不过需要更长的时间而已。

鳄鱼只吃肉吗？

鳄鱼以肉为主食，但偶尔也会吃水果和树根。

鳄鱼会吃恐龙吗？

恐鳄体长可达 12 米，这种巨型爬行动物在七八千万年前便已出现。人们曾经在恐鳄化石的胃里发现了恐龙的骨骼。看来就算是恐龙，也会被吃掉呀！

蛇能爬多快？

世界上速度最快的蛇是黑曼巴蛇，它的滑行速度高达每小时 20 千米，比大多数人类的跑步速度还快。

蛇曾经有脚吗？

很久很久以前，原始的蛇长着四只脚，看上去就像蜥蜴之类的爬行动物。原始的蛇要打洞、游泳，这些脚显得有些碍事。于是，在漫长的进化过程中，脚就慢慢消失不见了。如今，有些蟒蛇身上还残存着一双爪状的幼肢，那是已经退化了的后肢痕迹。

蛇能飞吗？

天堂树蛇生活在热带雨林中，它虽然不能像鸟儿那样飞翔，但可以在树木间滑翔，高度可达 100 米。天堂树蛇扭动身子，摇动肋骨，让身体变得扁扁的，看上去就像飞碟一样，从而在天空中"飞翔"。

寒冷会对蜥蜴产生怎样的影响呢?

爬行动物都是冷血动物,所以无法改变体温。寒冷会使蜥蜴行动变缓。当温度非常低时,喜欢温暖的绿鬣蜥会被冻僵,只有等暖和后才能恢复行动能力。

最大的爬行动物究竟有多大?

世界上最大的爬行动物是咸水鳄,它的体长可达 5 米。而世界上最小的爬行动物是迷你变色龙,体长仅有 13.5 毫米。

沙漠里的爬行动物如何生存呢?

许多生活在沙漠里的爬行动物有额外的膀胱,体内的储水量足够它们生活上好几个月。

海里有蛇吗？

有。海蛇和金环蛇已经适应了海洋生活，它们通过皮肤进行呼吸，尾巴的形状如同船桨，每次能在水中待半小时左右。

海蛇可以在陆地上活动吗？

大多数海蛇都可以在陆地上活动，哪怕只是跳到石头上晒太阳。不过，印度尼西亚的象鼻蛇已经丧失了在陆地上行动的能力，它们身上的鳞片又大又粗，有助于捕食滑溜溜的鱼，但也因此无法在陆地上滑行。

生活在陆地上的蛇能游泳吗？

并非只有海蛇才会游泳，生活在陆地上的蛇也能在短距离内游泳，比如游过一条河。蛇的肺部充满空气，使其漂浮在水面上，它们还会努力摆动身子，推动自己前进。

响尾蛇是怎样制造响声的呢？

为了震慑敌人，响尾蛇的尾巴会发出不同寻常的声音，它们的名字也是由此而来。响尾蛇尾巴上的响环是一种中空的角质环，十分坚硬，这些响环在响尾蛇快速摇动尾巴时互相摩擦，从而发出响声。

蛇如何震慑潜在的敌人？

当受到惊扰时，大多数蛇都会发出"嘶嘶"声，这是在对敌人发出警告。

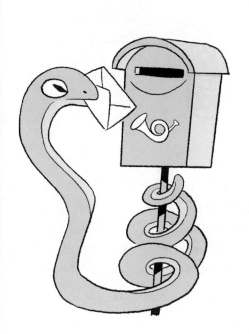

响尾蛇发出的声音能传多远呢？

响尾蛇发出的声音可以传约 10 米远。响尾蛇每蜕一次皮，就会在尾部留下一个角质环，响环发出的响声就更大一些。但每隔一段时间，最旧的响环就会脱落，响尾蛇发出的声音又会变小一些。

为什么蟒蛇吃得那么多？

蟒蛇、鳄鱼之类的大型爬行动物，吃一餐就能维持好几个月。它们一餐能吃掉一整头鹿或其他大型哺乳动物，再慢慢地消化。有的大型鳄鱼饱餐一顿后能维持一年呢！

眼镜蛇是怎样恐吓敌人的呢？

为了恐吓敌人，有些动物会让自己看上去比真实体型显得更大，眼镜蛇就是这样。当受到威胁时，眼镜蛇的颈部会张开，呈兜帽状，以恐吓敌人。与其用宝贵的毒液与敌人搏斗，它们更乐意用这种方法吓退敌人。

哪种蛇是骗子？

致命的毒蛇通常色彩绚丽，以此警告敌人不要靠近。比如，剧毒的珊瑚蛇是黑红相间的，而牛奶蛇虽然长得酷似珊瑚蛇，但它压根儿没有毒性。捕食者会被这个小把戏蒙蔽，从而不敢对牛奶蛇轻举妄动。

蛇会吃其他蛇吗？

会！眼镜王蛇就以其他蛇类为食。

海龟如何呼吸？

雌性绿海龟不能边走边呼吸，它们要么停下来呼吸，要么一直憋气，等回到了安全的巢穴后才呼吸。

哪种蛇有"澳洲死神"之称？

虎蛇有"澳洲死神"之称。虎蛇能分泌强烈的神经毒素、凝固剂、溶血素及蛇类特有的肌肉毒素，毒性能跻身世界最强蛇毒之列。

蛇为什么会蜕皮呢?

蛇的身子长长的，没有四肢，全身被鳞片状的蛇皮覆盖。随着蛇渐渐长大，它们的身子越来越长，原先的蛇皮不够用了，所以需要蜕皮。人类每天都在进行部分皮肤新陈代谢，蛇却是一次性蜕掉全身的皮肤。

蛇的蜕皮过程是怎样的?

蛇蜕皮时，先从嘴角开裂，为了加速蜕皮，它会在粗糙的物体上摩擦身子，使皮向后反蜕，就像脱袜子一样。蜕皮后的蛇焕然一新，拥有了崭新的皮肤，而它们蜕下的皮通常是一个完整的蛇的形状。

除了蛇，还有其他动物蜕皮吗?

蜥蜴也会蜕皮，它们和蛇同属于爬行动物。但是，也有不会蜕皮的爬行动物，比如鳄鱼和乌龟。

蛇摸起来是黏糊糊的吗？

蛇的鳞片具有光泽感，让它看起来黏糊糊的，在害怕蛇的人眼里尤其如此。实际上，蛇的皮肤又干又滑，又因为蛇的体温较低，所以摸起来凉凉的。

哪种爬行动物的寿命最长？

有些乌龟的寿命长达100岁以上。世界上现存最长寿的陆地动物是一只亚达伯拉象龟，名叫乔纳森，科学家们认为它已经活了快200岁了。

变色龙真的会变色吗？

没错！变色龙可以轻而易举地改变肤色。不过，它们并不会为了伪装而经常变色。这种变色能力主要用于交流，还能帮变色龙在光照下保持凉爽。

有没有只吃素食的爬行动物?

有!大多数海龟和陆龟都以水果、蔬菜和种子为食。

有没有爬行动物去过太空呢?

1968 年，苏联让两只乌龟登上"月球 5 号"探测器，进行绕月飞行。这两只乌龟因此成了首批完成绕月飞行的生物，比人类还要早几个月呢!

所有的蛇宝宝都长得像它们的父母吗?

并非所有的蛇宝宝都跟父母长得像。绿树蟒的宝宝刚出生时是黄色或红色的，大约在 1 岁时才会变成绿色。

乌龟的性别由什么决定呢？

卵的孵化温度决定了乌龟的性别。如果孵化时较为暖和，孵出来的乌龟就是雌性，反之则为雄性。

为什么说鳄鱼是超棒的妈妈？

为了保护宝宝，给宝宝保暖，鳄鱼妈妈可以不辞辛劳，把宝宝含在嘴里。

响尾蛇从小就能发出响声吗？

不是的。刚出生的响尾蛇宝宝只有 1 个响环，无法发出响声。只有当响尾蛇第一次蜕皮后，才能发出响声。

蜥蜴会吃掉自己的尾巴吗？

蜥蜴除了在遇到危机时会自行断尾求生之外，它还可能会为了补充钙质而断掉自己的尾巴，再将尾巴吃进肚子。

蛇会筑巢吗？

大部分蛇并不会筑巢。那些生活在树林里的蛇，要么挂在树上，要么藏在落叶里。在一些环境更恶劣的地方，蛇会藏身于岩石缝隙中，或是废弃的洞穴里。

蛇遍布于世界各地吗？

并非如此。当第四纪冰期结束后，南极洲、格陵兰岛、冰岛、新西兰和爱尔兰的蛇都灭绝了。

疯狂的动物

猫是怎样捕猎的呢?

当猫捕猎时,它会放低身子,蹑手蹑脚地悄悄靠近猎物。在向猎物发起突袭前,它们先摇动尾巴,确保身体平衡,然后双腿向后蹬,猛地扑向猎物。用爪子抓住猎物后,猫就冲着猎物的脖子猛地一口咬下去。

为什么猫喜欢玩弄猎物呢?

猫不一定会直接杀死猎物,你也许见过猫反复抓放老鼠的情形。这种行为看上去十分残忍,但这其实是猫在试探老鼠是否会逃走。

猫如何保养爪子呢?

猫在走路时,会把爪子缩回肉垫里,所以不会造成磨损。猫有时会在树干上挠来挠去,这正是它在磨爪子呢。

为什么猫会抓活老鼠回家？

为了教幼崽抓老鼠，猫妈妈会抓活老鼠回家。如果你养的猫抓了只活老鼠回家，很可能是为了教其他猫抓老鼠，也说不定是为了教你抓老鼠呢！

猫的视力能有多好？

猫的眼睛很大，能进入大量光线。在昏暗的环境中，它们的视力是人类的 6 倍。与很多捕食者一样，猫具有"双目视觉"，这意味着它能用两只眼睛从不同角度观察同一个物体。

所有猫的眼睛都一样吗？

猫的眼睛有很多种颜色，比如蓝色、绿色、棕色，甚至橙色或黄色。有一只叫罗利的白色波斯猫，它的一只眼睛是蓝色的，另一只眼睛是黄色的，还因此获了奖。

为什么猫的眼睛会发光？

猫眼的视网膜后面有一层可以反光的特殊薄膜，像镜子一样，这层膜能将未被视网膜吸收的光线反射回去，因此猫在黑暗的环境里也能看得清楚。

猫有第三眼睑吗？

猫的第三眼睑也称为瞬膜，看起来很白，能防止眼睛干燥。当猫眨眼时，第三眼睑会覆盖在整个眼球上，让水分滋润眼球。但如果第三眼睑总是遮住眼球，说明猫可能生病了，应该及时带它去看兽医。

猫的味觉与人类一样吗？

科学家们曾认为，猫只能尝出肉味和脂肪味。如今，人们已经发现，猫的味觉要比这复杂得多。但即便如此，猫的味蕾只有几百个，相比之下，人类的味蕾大约有 10 000 个！

猫的听觉能有多灵敏呢?

猫的耳朵不仅大，还能转动。当听到声音时，它会把耳朵转到相应方位，弄清楚声音的来源。而且，猫可以听到超出人耳听觉范围的高频尖锐噪声，比如老鼠的吱吱声。

我和我的猫，谁的鼻子更灵?

猫的嗅觉灵敏程度比人类要强14倍。但不同于狗，猫并不是靠追寻气味来捕猎的。猫的上颚上有一个神奇的器官——犁鼻器，能帮助猫更好地接收到气味分子。有时候，为了更好地识别气味，猫会故意张大嘴巴。

为什么猫有胡须呢?

猫的脸上和腕关节上都有胡须。胡须能感知空气的轻微波动，帮助猫了解四周环境。在胡须的帮助下，猫可以轻松避开障碍物，并精准定位猎物。

猫为什么会发出"咕噜"的声音呢？

当猫觉得愉快放松的时候，比如被主人抚摸或进食时，它们就会发出"咕噜"声。如果猫对其他猫发出"咕噜"声，则说明它在表达善意。

为什么猫去看兽医时也会发出"咕噜"声？

当猫来到陌生环境的时候，也会发出"咕噜"声，不过这可不是在表达愉悦，而是在表达不安和焦虑。

猫怎么打招呼？

猫用轻柔的颤音跟同伴打招呼，那温柔的声音仿佛在说"嗨！"猫也会向主人发出这类声音，仿佛在说"欢迎回家！""我回来啦！"

"喵喵"声是什么意思呢？

猫最常见的叫声就是"喵喵"声了。猫发出"喵喵"声时，不光是在打招呼，也是在博取关注。当猫想出门、进门或吃东西时，就会发出"喵喵"声来引起你的注意。

为什么家猫不会咆哮？

虽然猫也是猫科动物，但只有狮子、老虎、豹子这些大型猫科动物才能咆哮。这些大型猫科动物的喉部结构特殊，而且具有韧带型舌骨，因此能发出咆哮声。

猫会低吼吗？

当两只猫对峙时，它们会从喉咙深处发出低吼声。如果人类离猫太近，或者想强行将猫揽入怀中时，猫也会发出这类声音，仿佛在说："走开！"

猫为什么发出"嘶嘶"声？

猫感到被威胁时，就会发出"嘶嘶"声。有时，猫和猫之间也会针锋相对，一较高下。它们一边用锋利的爪子搏斗，一边嘶吼尖叫。

猫在夜里会发出怎样的声音呢？

当发情期来临时，母猫在夜里会发出凄厉的求偶叫声。母猫之所以这样叫，是为了吸引附近的公猫。如果猫感到焦虑、痛苦，或是为了博取关注，它们也会在夜里嚎叫。

猫感到害怕时会有哪些举动呢？

如果猫被惹急了，在它咬人或挠人前，通常会发出警告，比如缩回耳朵、眯起眼睛或露出牙齿。猫感到害怕时，也会缩回耳朵，但会把眼睛睁得大大的。

如何判断猫是否自信呢？

猫的走路姿态就能反映出它的小心思。如果自信满满，猫走路时就会把尾巴翘得高高的；要是感到胆怯，猫走路时就会显得畏畏缩缩，尾巴放得低低的。

如何判断猫想不想玩耍呢？

即便是成年的猫也有顽皮的一面。当猫处于完全放松的状态时，你可以用一根丝带轻轻地拂过它的鼻子，如果它把眼睛睁开，耳朵和胡须也都竖起来，就说明它想和你一起玩。

猫的尾巴什么时候会"炸毛"？

猫生气的时候会来回摆动尾巴。这种方式跟咆哮一样，仿佛在说："走开！"而当猫感到害怕时，全身都会"炸毛"——让自己身上的毛都竖起来，显得自己更庞大。

猫的领地范围有多大？

如果你是一只猫，你也会有自己的领地，或者说活动范围。母猫和做过绝育手术的公猫的领地一般不会超过家的范围。其他公猫的领地范围要相对大一些。

猫也有指纹一样的独特印记吗？

猫的鼻子上有独特的印记，就像我们的指纹一样。

猫如何标记领地呢？

猫通过气味来标记领地。猫的身上有很多气味腺，分布在嘴巴边缘、脸部两侧和尾巴根部，猫在栅栏和花盆等地方摩擦这些气味腺，留下自己的气味，以此宣示领地。

猫为什么会喷尿呢？

有时候，公猫会用更直接的方式来标记领地——喷尿。它们把尾巴翘得高高的，冲着物体喷射出气味刺鼻的尿液，标记自己的领地。

猫会共享领地吗？

母猫和做过绝育手术的公猫有时会愿意共享领地，但没有做过绝育手术的公猫一般不愿意。

猫会爬树吗？

当然啦！豹子、美洲虎等许多野生猫科动物都很擅长爬树。就算是宠物猫，也能毫不费劲地爬上树，因为它们的身体很轻盈，而且锋利的尖爪能牢牢抓住树干。

猫会做梦吗?

与熟睡的人类一样,猫在睡觉时大脑也会有不同的活动周期,包括快速眼动睡眠,也就是容易做梦的时段。睡梦中的猫可能会抽搐,也许它是在梦中捕猎呢!

为什么猫在墙头上行走的时候不会掉下来?

就算是超级窄的走道和栅栏,猫也能任意行走,就像在练习走钢丝绳一样。如果不小心掉下去,猫耳朵里的平衡器也能帮助它们在半空中保持平衡。

为什么猫的身体如此柔韧?

跟人类一样,猫也是脊椎动物,它们的脊椎由更小的椎骨构成。这些椎骨之间连接松散,所以猫的脊柱富有韧性。猫的脖子周围没有锁骨,因此它们的前肢可以最大限度地伸展。

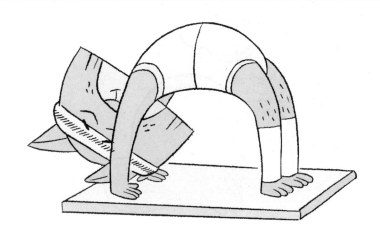

猫为什么会挠自己呢？

如果猫挠自己，说明它身上可能有跳蚤这类寄生虫。当猫外出时，很可能会从其他猫的身上沾染跳蚤。如果遇到这种情况，建议你带着猫去找兽医帮忙。

需要给猫梳毛吗？

猫总是在不停地梳理毛发，使毛发保持干净与顺滑。猫的舌头很粗糙，上面有成百上千个向后凸起的倒刺，能发挥"梳子"的功能。猫还会把爪子舔干净，把它当作"毛巾"去梳理那些舌头够不着的地方，比如头顶上的毛发。

猫会交朋友吗？

狗是群居动物，猫却喜欢独来独往，但猫有时候也会以家庭为单位生活在一起。同一个家庭里的猫身上有共同的气味，有时会互相梳理毛发，这说明它们信任彼此。

猫的毛发是怎样的呢?

猫身上外层的毛发比较粗,被称作"主毛";而贴近身体的毛发则又细又软,被称作"绒毛",具有保温作用。猫身上的毛发在冬季时会更厚,这样更暖和,而在夏季则会变薄,能让猫感到凉爽一些。

为什么家猫也会捕猎?

猫是肉食动物,虽然家猫不用像野生猫科动物一样辛勤捕猎,但它们也有捕猎的本能。毕竟不管是老虎还是猫,想改变它们的本性都不容易呀!

为什么猫要吃干粮?

大多数猫吃的食物里既有罐装和袋装的湿粮,也有干粮。吃干粮能让猫的牙齿保持干净、口腔保持健康。

猫也喜欢吃蔬菜吗?

虽然猫是肉食动物，但蔬菜等绿色植物在其饮食结构中也约占十分之一。不同于人类，猫自身可以合成维生素 C，而不是必须从蔬菜中摄取。所以，猫吃蔬菜也可能是为了促进消化。

猫喝什么水呢?

猫需要喝淡水，它们用舌头舔水喝。也有些猫喜欢喝牛奶。不过，如果喝太多牛奶很可能导致猫的胃不舒服，所以最好只是偶尔让它们解解馋。

为什么猫会咳出黏糊糊的毛球?

猫喜欢用舌头梳毛，所以会吞入大量的毛发。差不多每隔一周，猫就会吐出一团毛球，否则毛发就要堆积在胃里了。

为什么猫喜欢打闹？

刚出生时的猫崽，除了吃就是睡。大概在 4 周大的时候，它们会开始玩耍和打闹，其实这是它们在通过这种方式学习捕猎本领呢！

小猫要喝猫妈妈的奶吗？

刚出生的小猫以妈妈的母乳为食。妈妈的初乳里含有特殊的抗体，能保护小猫免受疾病侵扰。小猫会用前爪一下一下地踩猫妈妈的乳房，刺激乳房分泌乳汁，这就是所谓的"踩奶"行为。

猫有"家"吗？

母猫会在安全、舒适的"窝"里分娩，每次分娩通常能产下 4 只左右的小猫。在最初的几周里，新生的小猫只会紧紧地依偎在妈妈身边蠕动，直到 2 个月左右大时才会出窝。

刚出生的小猫有视力吗?

小猫刚出生时，眼睛和耳朵都紧紧闭着，最主要的感官就是嗅觉。大概一两周后，小猫的眼睛才能睁开，但仍需要一段时间才能看清东西。大概在 2—3 周大时，小猫才能听见周围的声音。

猫被当作宠物饲养的历史有多久呢?

猫已经被驯化了数千年，它们依靠人类解决食宿问题。作为回报，猫为人类提供陪伴，还能威慑老鼠。

家猫和野生猫科动物有血缘关系吗?

所有的家猫的祖先几乎都是非洲野猫和欧洲野猫。所以它们是远房亲戚。

世界上有多少种猫？

除了自然界中原本就存在的猫的种类，人类还培育出了一些具有独特性状的猫。如今，猫的品种至少有 100 种了。它们各不相同：有些猫是短毛品种，有些猫是长毛品种；有些猫是纯色的，有些猫则长着花纹。

所有猫都有毛吗？

几乎所有的猫都有毛，但有一种猫看起来是没有毛的。长相奇特的斯芬克斯猫毛发很少，它是专为那些对猫毛过敏的爱猫人士培育的。

为什么不能盯着猫的眼睛看？

对猫而言，对视是一种挑衅行为。如果我们想跟猫"做朋友"，眼睛要半闭着看向别处，还得偶尔眨眨眼睛。猫通常不喜欢被过多关注，它们更喜欢那些无视它们的人。

神奇的动物

为什么狗也有胡须呢？

狗的嘴巴四周和下巴上方都长着胡须，准确地说，应该叫"触须"。这些触须能帮助狗判断周围的环境，并有利于它们感知空间。比如，狗可以通过胡须判断自己是否能穿过窄窄的栅栏。

为什么狗在夜间视力这么好？

视杆细胞是视细胞的一种，当生物在昏暗的条件下看东西时，主要是视杆细胞发挥作用。狗的视杆细胞要比人类多，因此它们的夜间视力非常棒。

狗哨真在有用吗？

当然啦！狗哨发出的声音只有狗能听见，人类是听不见的。狗能更好地听清远方的声音，它们的听觉比人类要好上16倍，它们的听力范围约为人类听力范围的4倍。

狗的嗅觉有多好？

狗的嗅觉比人类强多了。因为狗的嗅觉细胞数量惊人。比如猎犬的鼻腔里约有 2.3 亿个嗅觉细胞，德国牧羊犬的鼻腔里约有 2.2 亿个嗅觉细胞，但人类的鼻腔里却只有约 500 万个嗅觉细胞。

狗经常使用自己的嗅觉吗？

时时刻刻！狗利用嗅觉来了解周围环境。每当外出散步时，它们总是走走停停，四处嗅嗅，看看是否有别的狗来过或者已经占领了这里。狗利用气味刺鼻的尿液和粪便来标记自己的领地。

狗是优秀的侦探吗？

绝对是！狗擅长追踪，它们能捕捉到失踪人口或在逃罪犯的气息，所以人们借助狗的帮助来解决很多案件。

狗能够嗅出人类的情绪变化吗？

可以！因为狗能够嗅出人类散发出的某些化学物质。比如，当人类感到紧张或害怕时，会分泌一种叫作"皮质醇"的激素，狗的嗅觉就可以分辨出这种激素，从而感受到人类的情绪变化。

哪种狗跑得最快？

世界上跑得最快的狗要数灵缇犬，它们是捕猎高手。一旦发现了猎物，它们就会忍不住去追捕，速度可高达70千米/小时。

哪种狗最适合放牧？

有些狗被人类驯化之后担负起了帮助人类放牧的职责。牧羊犬、牧牛犬、山地犬都有放牧的本领，而且十分聪明，能够管理绵羊、山羊，甚至牛。

狗需要运动吗？

狗每天都需要运动，而且它们非常喜欢运动。有些狗听到"散步"这个词语时就会变得兴奋。有些狗甚至还会主动提醒主人带它外出散步：比如把牵引绳衔到主人面前，或是眼巴巴地站在门口看着主人。

为什么狗喜欢追球呢？

大多数狗会追逐所有能移动的物体，不管是移动的球、奔驰的汽车，还是行走的人类、兔子或其他动物。当狗看到猎物时，就会忍不住去追逐，专家将这种行为称为"猎物驱动"。

狗的放牧技能如何呢？

在放牧方面，牧羊犬们会充分展现自己的聪明机智。尽管它们经常要面对不同的任务和挑战，但通常来说，牧羊犬的任务是赶着羊走进围栏里，或是将一只羊或多只羊与其他动物区分开。

为什么狗会互相闻屁股呢？

狗外出遇到同类时，会进行社交活动。狗打招呼的方式很奇特，它们会互相闻彼此的脸和屁股，这是因为狗要通过独特的气味而非外貌来辨识其他狗。

狗是如何标记领地的？

狗利用尿液和粪便来标记领地。有时候，它们还会在标记过的地方再留下一些抓痕，以引起同类的注意。

狗喜欢和主人在一起吗？

狗和猫很不一样，它们跟主人的关系十分亲密，只要跟主人在一起，便可以"四海为家"。

狗的主人必须要严厉地对待狗吗?

过去,专家们认为一旦狗做了错事,主人必须严厉地斥责狗,甚至对狗进行处罚,从而让狗懂规矩。但近年来,很多专家对这种观念提出了反对意见,认为主人与狗之间的关系不应该是这样的,不一定非要通过严厉的方式来约束狗的行为,奖励、表扬和温柔的鼓励有时对狗来说更有用。

当有狗家庭迎来新成员时,会发生什么呢?

狗与狗之间的关系,不同于狗和人类的关系,它们之间的关系更接近于狼群的相处模式。如果一个有狗家庭迎来另一只狗时,它们必须要弄清楚谁才是"老大"。

为什么狗喜欢吠叫？

狗之所以吠叫是为了发出警告。当感到有入侵者出现时，狗就会发出叫声。在野外生活的狗，也会通过吠叫提醒同伴注意危险。当狗想挑战同类时，也会发出吠叫。当然，狗也会因为过于兴奋而叫个不停。

为什么狗会像狼那样嚎叫呢？

狼通过嚎叫来跟远方的同伴交流，这样可以避免跟狼群走散，还能与其他狼群保持联系。当主人不在家时，狗也会通过嚎叫来舒缓担忧和焦虑。

为什么狗吃骨头时会凶巴巴地低吼呢？

当狗不愿意分享美食时，就会发出凶巴巴的低吼声，意思是说："闪开！别想抢走我的美食！"

当狗低声呜咽时，代表什么意思呢？

小狗低声呜咽，是在示好。感到孤独或难受或向主人乞求时，成年的大狗也会低声呜咽来引起关注。

狗的尾巴能传达什么信息呢？

狗的尾巴非常具有表现力。狗感到心满意足时，就会热情地摇尾巴；当狗在做自己喜欢的事情，比如奔跑或玩游戏时，它们通常会竖起尾巴。

为什么狗总喜欢舔我的脸？

小狗喜欢舔狗妈妈的脸，这样可以促使狗妈妈把食物反刍给小狗吃。对狗而言，主人就像是父母，所以它们也会舔主人的脸，即便它们知道主人并不会吐出食物来喂它们。

狗如何避免冲突呢？

绝大多数狗都会尽量避免与更强壮的狗产生冲突，最好的办法就是表现出顺从的姿态，比如耷拉着耳朵、避开目光接触、放低身体和尾巴。

狗怎么震慑同类呢？

当狗试图吓唬同类时，它会露出牙齿，恶狠狠地盯着对方，颈部的毛发也会竖起来，变得很有攻击性。

狗害怕打雷吗？

绝大多数狗都害怕打雷，因为它们不喜欢巨响和闪光。狗受到惊吓后，会耷拉着耳朵、垂下尾巴，紧紧地贴在地上。

狗会感到自责吗？

养过狗的人中，大部分都认为狗会感到自责，他们觉得狗知道自己做错了事，会低着头，并避免跟主人产生目光接触，以此来讨主人欢心。但专家们对这个观点表示怀疑。

狗能学会很多指令吗？

一般来说，狗能听懂 5 个基本指令："坐下""别动""过来""趴下"和"跟上来"。但是，很多狗能通过训练掌握更多指令，训练的诀窍是要让每个指令都尽可能有所区别。主人发出的指令要足够清晰明确，让狗能听得懂。在训练狗掌握指令的过程中，当狗表现良好时，主人还应及时给狗正面反馈，比如食物、爱抚等。

为什么狗总是在啃东西？

幼犬通过啃东西来缓解长牙时牙龈的不适感，而成年的狗之所以会啃东西，纯粹是因为喜欢。为了防止狗啃食家具，可以给狗一些用硬橡胶或生皮做的玩具。

狗喜欢吃什么呢？

狗是肉食动物，它们最喜欢啃骨头上的肉。宠物狗以罐头食物为主食，这是它们身体所需的食物中肉类和谷物来源。

狗的不同牙齿分别有什么用呢？

狗的嘴巴里有 4 颗尖尖的牙齿，名叫犬齿（这是犬科动物的身份象征），狗就是用犬齿来撕咬猎物的。臼齿位于狗的口腔后方，它们更大、更扁、更平，用于磨碎食物。

狗的味觉如何？

人类大约有 10 000 个味蕾，但狗只有大约 1 700 个味蕾，而且绝大多数味蕾都位于舌尖上。狗和人类一样，能够区分酸、甜、苦、咸，有些狗还非常喜欢吃甜食！

可以给狗喂零食吗？

可以，但这并不是个好习惯，因为肥胖是狗的高发病。在美国，超过 50% 的狗都有肥胖的问题。因此，不让狗吃零食，只让它们在进餐时间进食，能够有效预防肥胖。

狗是如何给自己降温的呢？

狗的身上有一层厚厚的皮毛，如果天气太热的话，狗会大口喘气，用这种方式散发热量，降低体温。

为什么狗喜欢在臭烘烘的东西上打滚？

遇到粪便、腐烂物或其他臭烘烘的东西时，狗喜欢赖在上面打滚。它们之所以这么做，有时是为了掩盖自身的气味，以便于捕猎；有时是觉得有趣，或者只是喜欢刺鼻的气味罢了。

需要定期给狗梳洗吗？

虽然狗会给自己梳理毛发，但仍需要主人的帮助。如果你能定期给狗洗澡、梳理毛发，既能让狗的皮毛顺滑，还能增进你与狗之间的感情。

为什么狗会挠来挠去的？

如果狗总是挠个不停，很可能是因为身上有跳蚤，应该带狗去看兽医。除了跳蚤外，狗还可能沾上蜱虫、蠕虫等寄生虫，这些情况都可能导致它挠来挠去。

小狗刚出生就能看见东西吗？

刚出生的小狗除了吃就是睡。一窝小狗挤在一起，它们会低声呜咽，寻找最舒适的位置。在刚出生的前三周里，小狗的眼睛和耳朵都紧闭着，它们唯一起作用的感官是鼻子，因为它们能靠嗅觉找到狗妈妈的乳头。

为什么小狗喜欢追自己的尾巴？

小狗喜欢玩追逐游戏，因为这种游戏有利于提高捕猎能力。如果没有兄弟姐妹互相追逐，小狗就会追自己的尾巴。

狗一次一般会生几只幼崽呢?

小型狗通常一次产下 1—5 只幼崽,大型狗可能会一次产下十几只幼崽。对小狗来说,跟兄弟姐妹一起玩耍不仅有趣,还能从中学到重要的技能——怎样跟其他狗相处。

刚出生的幼崽吃什么呢?

在刚出生的三四周的时间里,狗的幼崽只需要喝母乳。过了这段时间,小狗就可以开始吃固体食物了,比如掺了水的狗粮。但这时的小狗依然需要喝母乳,直到 6—8 周后才可以断奶。

狗也能上班吗？

狗是人类的得力帮手。有些狗经过训练后，能够为盲人、聋人或其他残障人士提供帮助。狗的嗅觉灵敏，甚至能在癫痫病人发病前及时捕捉到空气中化学信号的变化，提前发出预警。

达克斯猎犬会打猎吗？

达克斯猎犬又被称为腊肠犬，别看它们四肢短小，但它们可以捕猎獾、兔子甚至狐狸。

为什么人类将狗当作宠物？

人类很早就发现狗大有用处，因为狗可以帮助人们打猎。如今，狗依然被人们养来看家护院或是捕猎。小狗既肩负责任，也有顽皮的一面。当它们想要玩耍时，也会对人们撒娇。

斑点狗的听力好吗？

斑点狗由于基因问题，天生听力不佳。人们在发现这一点之前，一直误以为斑点狗调皮不听话。

所有的狗都是"汪汪"叫吗？

巴仙吉犬的喉部形状异常，所以它们不会吠叫，而是发出唱歌一样的声音。

哈士奇能承受的最低气温有多低呢？

哈士奇的学名叫"西伯利亚雪橇犬"，能在 -50℃ 左右的低温环境中生存和工作，它们可是拉雪橇的小能手！

奇怪的动物

啄木鸟的舌头有多长？

啄木鸟的舌头长度能达到身长的三分之一。它的舌头尖端还有倒刺，可以牢牢地勾住树洞深处的虫子，美滋滋地享用美味！

昆虫的历史有多悠久呢？

大约在 3 亿年前，第一批有翅膀的昆虫就诞生了，比恐龙出现的时间还要早。

哪种海洋生物是"伪装大师"？

拟态章鱼能改变自身形状和肤色，模仿其他海洋生物。它甚至还能把自己的身子变得又细又长，伪装成海蛇。

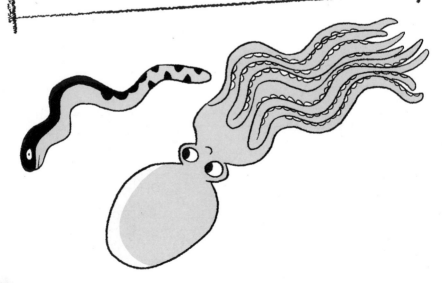

蝗虫能飞多久呢？

沙漠蝗虫可以连续飞行 20 个小时。

哪种虫子看起来像花一样？

食骨蠕虫是一种黏糊糊的海虫，它们以鲸的残骸为食，看上去就像鲸的骸骨上开出了奇异的花。

哪种鸟的进食方式很奇怪？

火烈鸟进食时会先把长颈弯下，头部翻转，然后一边走，一边用弯曲的喙向左右扫动，贴近水底取食。

仓鼠眨眼睛的时候有什么特殊之处？

仓鼠可以只眨一只眼睛。

哪种动物不怕蝎子？

狐獴对许多致命毒液都能免疫，甚至能吃蝎子，就算蝎子的毒刺也照吃不误。

河狸在水下能看得清吗？

河狸有一层透明的眼睑，当它们在水下活动时，这层眼睑能够保护眼睛，因此它们依然能够看得清。

大王酸浆鱿究竟有多大呢？

新西兰渔民曾经抓到一条大王酸浆鱿，它的身体长达10米，用它切成的鱿鱼圈有拖拉机的车轮那么大！

哪种海洋生物能"参军打仗"？

美国和俄罗斯的军队曾训练海豚来营救潜水员或寻找水雷。

树懒消化食物究竟有多慢？

饱餐一顿的树懒大约需要1个月的时间才能彻底消化掉胃里的食物。

食蚁兽一天要吃多少蚂蚁？

一只巨型食蚁兽一天要吃掉约 3 万只蚂蚁。它的舌头可长达 61 厘米。

鱼能走路吗？

有些鱼的确能走路。弹涂鱼可以在陆地上存活，它们有着强壮的鳍，能像腿一样四处走动。

哪种蟹类可以垂直移动？

堪察加拟石蟹（一般指帝王蟹）不仅可以横向移动，还可以垂直移动。

大象也有"左撇子"吗？

就像人类有左利手和右利手之分一样，大象则表现在牙齿上：有的大象习惯用左边的牙折树枝、挖地取水，有的大象习惯用右边的牙。

动物们的皮肤是不是很脆弱？

不一定。鸵鸟皮就非常结实。

蜜蜂有多少只眼睛呢？

5只！其中包括1对复眼和3只单眼！

小鸟经常吃野生果子，我也可以吃吗？

不可以！有些果子对人类有剧毒，但对鸟类并没有影响。因为鸟类一般吞食果子，且很快会排泄，有的鸟类还会自行找到"解药"。

北极熊的毛发是白色的吗？

北极熊的毛发是透明、中空的。阳光在毛发中发生折射后，使毛发看起来是白色的。

会有动物妈妈"嫌弃"自己的宝宝吗？

会！英国的一只小疣猴需要动物园的工作人员亲手喂奶，因为这只小疣猴总爱打嗝儿，被自己的妈妈"嫌弃"了。

猫头鹰都在树上安家吗？

不是的。穴居猫头鹰在地下挖穴筑巢，而且还会在洞穴里铺上牛粪，引诱昆虫大军送货上门。

哪些哺乳动物在水下分娩？

河马、鲸和海豚这三种哺乳动物都在水下分娩。

蝙蝠会钓鱼吗?

大牛头犬蝙蝠又被称为"渔夫蝙蝠",它很喜欢"钓鱼"。它的声呐能探测到最轻微的涟漪,当感知到水面有波动时,大牛头犬蝙蝠会俯冲而下,用锋利的翼爪抓住鱼!

你知道吗?

全世界所有蚂蚁的重量之和约等于全世界所有人类的重量之和。

啮齿动物的家族有多庞大?

40% 以上的哺乳动物都是啮齿动物。

土豚吃水果吗?

土豚唯一吃的水果是一种来自非洲大陆的甜瓜,它们吃完后还会把自己的粪便用泥土埋起来,因为粪便里有未消化的甜瓜种子。因此,非洲布须曼人称这种甜瓜为"土豚种瓜"。

青蛙喝水吗?

青蛙不用嘴喝水,它们通过皮肤吸收水分。

章鱼一生只能繁殖一次吗?

雌性章鱼一旦产卵就会死掉,因此一生只能繁殖一次。

大象能控制肚子发出咕噜声吗?

大象的肚子在消化食物时会发出很大的声音。所以,如果感到附近有敌人,为了不被发现,它们可以暂停消化,不让肚子发出咕噜声!

鹿角的成分是什么呢?

鹿角是鹿的骨头,主要由胶质和钙质构成。

蜜蜂害怕生病吗?

蜜蜂球囊菌是一种真菌,会让蜜蜂幼虫感染白垩病,一旦感染,幼虫的身子就会变成疏松的石灰状硬块。

猫头鹰的视力如何?

猫头鹰是远视眼,看不清太近的东西。

犰狳 (qiú yú) 可以潜水吗?

犰狳能在水下憋气长达6分钟!在水下的时候,它们需要吸入很多空气,否则身上厚重的外壳会让它们沉下去。

所有动物都有牙齿吗?

不是的。比如,成年剑鱼就没有牙齿。

蝙蝠身上也有寄生虫吗?

是的,蝙蝠身上有寄生虫,以吸食蝙蝠的血液为生。

松鼠们在树上更灵活吗?

是的,松鼠爬树的速度比在地上跑的速度更快!

会不会有动物妈妈不小心孵错了"蛋"?

还真有!一对鹳在德国一个高尔夫球场的草地上安了家,它们还把高尔夫球放进巢里,等待这些"蛋"孵化呢!

食蟹海豹吃什么呢？

虽然它们叫食蟹海豹，但它们并不吃螃蟹，而是以磷虾为食。

大熊猫是保护动物吗？

是的，大熊猫是国家一级保护动物，已被列入中国《国家重点保护野生动物名录》。

海豚有自己的名字吗？

海豚利用不同的声音组合来给自己取名，还会用这些名字称呼朋友们。

非洲侏儒鼠怎么喝水？

非洲侏儒鼠会在自己的洞穴前堆放鹅卵石，鹅卵石上凝结的露水就是它们的水源。

动物们的尾巴有什么作用？

它们的尾巴可重要啦！比如，蜘蛛猴的尾巴结实有力，可以用来摘水果。

鲶鱼可以长多大？

在荷兰，有人曾捕获一条长达2米多的大鲶鱼，它一天能吃掉3只鸭子！

跳蚤可以多久不进食？

一整年都没问题！跳蚤的成虫在不进食的情况下，也可以存活 1 年左右。

猪会出汗吗？

不会。正因如此，在炎热的天气里，猪为了降温会跑进泥坑中打滚。

有体型呈扁平状的乌龟吗？

扁平陆龟生活在非洲，别名"薄饼龟"，它的龟壳又平又软，如同煎饼。这种龟壳虽然无法抵御敌人，但遇到危险时，扁平陆龟能把自己的身体塞进岩石缝隙中，让敌人无从下口。

鸟会转动眼睛吗？

鸟的眼睛是固定在眼窝里的，不能转动。因此，当它要看某个东西时，需要转动整个脑袋才行。

哪种哺乳动物有四只角呢？

雄性的四角羚是唯一一种长着4只角的哺乳动物。

老虎身上的条纹是皮毛的颜色吗？

老虎不光皮毛上有条纹，皮肤上也有条纹。

为什么火烈鸟是粉红色的？

火烈鸟的鲜艳粉红色来自类胡萝卜素，因为火烈鸟吃的食物几乎都是富含类胡萝卜素的美味佳肴，所以导致大多数的火烈鸟外观普遍呈现为粉红色。

一个蚕茧缠绕着多少蚕丝呢？

一般一个春茧的茧丝长 900—1500 米，一个夏秋茧的茧丝长 700—1200 米。

动物们为了求偶都会做些什么？

雄园丁鸟（园丁鸟属种类除外）通过清整场地、搭建和装饰求偶亭来吸引异性，并可能还用以向雄性对手示威。雄鸟还会以鸣声和（或）绚丽的体羽吸引尽可能多的雌鸟来到它们的求偶亭。

走鹃是什么？

走鹃是一种分布于北美洲和中美洲的地栖性鸟类，以其独特的外观和生活习性而闻名，尤其是它们的奔跑速度和狩猎技巧。

蜘蛛会叉腿吗？

圣安德鲁十字蜘蛛会叉腿。之所以被这样命名，正是因为当它躺在蜘蛛网上休息时，腿会交叉成"X"形。

蚁后的寿命有多长？

蚁后的寿命可长达 20 年。

大象有多少颗牙齿呢？

大象有 24 颗臼齿和 2 颗门齿，一生中有 6 次更换牙齿的机会。

狮子很懒吗？

雄狮大部分时间都在休息，一天中约有 20 个小时是不活动的。

动物们需要穿鞋吗？

有时需要。为了防止羊蹄被感染，一位德国农民就给羊群穿上了特制的小靴子。

貘能用鼻子抓取东西吗？

貘的鼻子很长，能够自由伸缩，还能往不同方向转动，所以能用鼻子来抓取东西。

鸟类能拎起猴子吗？

角雕身型庞大，健壮有力，能用爪子轻松地抓起猴子。

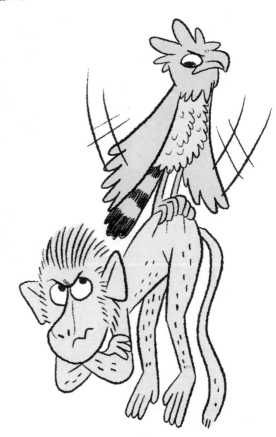

鸟的叫声有口音吗？

语言学专家认为，不同地区鸟的叫声确实有不同口音！

哪种动物的叫声能盖过喷气机的噪声？

蓝鲸的叫声比大型喷气式飞机的噪声还响亮，在 1600 千米外都能听见。

所有的蜘蛛都结网吗？

不是的，塔兰托狼蛛就不织网。

天鹅是候鸟吗？

是的。天鹅是一种冬候鸟。每过 10 月份，它们就会结队南迁，到气候较温暖的南方地区越冬，休养生息。

英语里如何描述一群猫头鹰呢?

在英语中，如果要描述一群猫头鹰的话，会说"猫头鹰议会"。这是因为猫头鹰看起来很睿智，一群猫头鹰站在树上，就好像在"开会"。

缺水时，骆驼活得最久吗?

能够在缺水条件下生存更久的动物其实是更格卢鼠，而非大名鼎鼎的骆驼。

青蛙如何度过寒冬?

青蛙是冷血动物，冷血动物的体温会受到气温的影响，随着气温降低，它们的体温也会逐渐下降。为了生存，像青蛙这类的冷血动物会在冬天钻进泥土里，以此来躲避严寒，等到第二年春天地温升高后再出来活动。

猎豹能咆哮吗？

不同于其他大型猫科动物，猎豹不能咆哮，但它们能发出咕噜声！

食人鱼都很危险吗？

世界上大约有 20 种食人鱼，但并不都具有攻击性。但如果遇见食人鱼还是要小心！

怎样给青蛙催眠呢？

两栖动物通过皮肤吸收水分，也能通过皮肤吸收化学物质。所以，只要给青蛙周围喷点麻醉剂，它很快就会昏睡过去。

蝙蝠都在树上生活吗？

有些生活在西非的蝙蝠特别袖珍，它们以蜘蛛网为家。

狮子的胃口有多大？

巴西警方曾查获过一辆装有 5 只狮子的废弃卡车，在找到它们的主人之前，警方每天都要给每只狮子投喂重达 10 千克的肉。

蜗牛一次可以睡多久呢？

蜗牛一觉可以睡上 3 年！

哪种虫子吃"毒药"？

红带袖蝶的幼虫以有毒的西番莲叶为食，这种叶子含有氰化物，叶子的毒素还会在蝴蝶幼虫体内聚集，让捕食者不敢下口。

昆虫的幼虫也会咬人吗？

阿特拉斯甲虫的幼虫会咬人，哪怕轻轻碰它一下都可能会被咬。

海胆是地球上的"老居民"吗？

海胆在地球上已经存在了大约 4.5 亿年。

猫抓老鼠到底有多厉害？

某个村庄里老鼠泛滥成灾，人们找来了 200 只猫，让它们帮忙解决了这个麻烦，它们得到的犒劳是一顿丰盛的鱼宴。

斑马身上的条纹都一样吗？

不。每一匹斑马身上的条纹都不一样。

哺乳动物都是胎生的吗？

不是。鸭嘴兽和针鼹都是卵生的哺乳动物。

大象体格大，它的粪便也很多吗？

是的。仅一坨大象粪便，就能养活7000只屎壳郎。

动物们的牙齿都会在一定的时间停止生长吗？

不是的。鲨类、鳄类、啮齿类动物的牙齿可以一直生长。

猫讨厌什么味道？

猫很讨厌橙子和柠檬的味道。

贝类的体积可以有多大？

大砗磲（chē qú）的壳非常大，曾被当作儿童浴缸。

海猪是生活在海里的猪吗？

不是！海猪其实是一种海参，它们生活在深海里，栖息在海床上，以泥沙中的有机碎屑为食。

为什么大熊猫总是在不停地吃竹子？

其实大熊猫很难消化竹子，但它们的食物中98%都是竹子，因为竹子是营养价值高且易获取的食物。

北美驯鹿一年可以走多远的路?

一头北美驯鹿一年的行程可超过 4800 千米。

大象到底有多重?

一头非洲雄象约有 170 个成年男性那么重。

犀牛角的成分是什么?

犀牛角与犀牛的毛发成分相同,是由角蛋白构成的。

哪种海洋生物敢攻击鲸？

人们在鲸的身上发现过圆形疤痕，这是大王乌贼吸盘留下的痕迹。

动物们的性别会变化吗？

牡蛎的性别是不确定的，体内蛋白质代谢旺盛时为雌性，碳水化合物代谢旺盛时为雄性。

有没有不会游泳的螃蟹？

椰子蟹是陆生蟹，在水里待久了会被淹死。

哪种动物长着红色的牙齿？

鼩鼱。鼩鼱的牙齿有含铁的红色齿冠，以增强牙齿的耐磨损程度。

你知道吗？

长颈鹿、骆驼是先用同一边的前后足，再用另一边的前后足交替走路。

动物会被关进监狱里吗？

哥伦比亚的一头牛因误闯马路，造成了交通事故，因此被关进了监狱里。

猫头鹰的脑袋可以360度转圈吗?

猫头鹰的脑袋并不能完整地转一圈,但它能转动的范围比人类大多了:左右两边都能转135度!

马会对干草过敏吗?

英国考文垂的一匹马就对干草过敏,它的主人只好让它睡在报纸上。

哪种鱼能给自己的大脑加热?

剑鱼的头部有一种特殊的器官,专门用来加热眼睛和大脑,使它能够到达极端寒冷的海洋深处。

狼蛛鹰是蜘蛛还是鸟儿呢？

狼蛛鹰实际上是一种黄蜂。这种黄蜂会将毒素注入狼蛛体内，使其动弹不得，然后将卵产在狼蛛体内。等幼虫孵化后，幼虫就会把狼蛛活活吃掉。

大熊猫的"手掌"和我们的手掌有什么不同？

大熊猫的"手掌"不同寻常，除了有5根"手指"外，还有1根"伪拇指"。

拟鳄龟是危险的动物吗？

没错！拟鳄龟的下颚强劲有力，而且牙齿锋利，能够轻松咬断人类的手指。

猫的心跳和人类的心跳频率相似吗？

并不是。猫的心跳速度是人类的两倍！

什么动物的名字听起来浪漫又梦幻？

阿根廷有一种罕见的犰狳，体型小巧，呈粉红色，被称为"粉红仙女犰狳"！

纽虫如何繁殖？

纽虫有特别的再生能力，它以断裂的方式进行无性生殖。纽虫虫体可以分为许多部分，每一部分都有可能成为一个新个体的起源。

蜉蝣能活多久呢？

蜉蝣成虫只能活一天，在它短暂的一生中，甚至来不及吃东西，全忙着交配和产卵了。

哪种鱼有睡袋呢？

鹦鹉鱼可以通过黏液自制如同睡袋的黏液膜，不仅有助于掩盖自身气味，避免被掠食者闻到，还能阻隔寄生虫进入体内。

动物可以抵御狂犬病病毒吗？

是的。啮齿动物对狂犬病病毒具有免疫力。

豆蟹究竟有多大呢？

豆蟹"蟹如其名"，大约只有2厘米宽。

所有企鹅都生活在南极吗？

并非所有企鹅都生活在寒冷的环境中，加拉帕戈斯企鹅就生活在赤道附近。

熊能打开罐头吗？

是的。黑熊十分聪明，打开罐头对它来说不是什么难事。

哪种动物吃饭、睡觉都是头朝向地面的呢？

无论吃饭、睡觉，还是分娩，树懒都是头朝向地面的，它们用锋利的爪子牢牢地抓住树枝，甚至死后依然会挂在树上呢！

企鹅如何在南极获取淡水呢？

企鹅的眼睛上方有一个叫作"眶上腺"的腺体，能过滤盐分。多余的海水会从企鹅嘴巴里流出来，有时它们也通过打喷嚏的方式将盐水喷出来。

最大的海星究竟有多大呢？

巨型海星超级大，其臂展超过 60 厘米！这种海星颜色丰富，有棕色、绿色、红色和橙色等。

蜜袋鼯真的吃花蜜吗？

蜜袋鼯是一种小型有袋类动物，生活在澳大利亚，它们的体型只有老鼠一般大，以花粉和花蜜为食。

动物们在什么情况下会"自残"？

饥不择食的老鼠会吃掉自己的尾巴。

哺乳动物都有牙齿吗？

食蚁兽和穿山甲这两种哺乳动物都没有牙齿。

有能嚎叫的老鼠吗？

沙居食蝗鼠十分凶猛，为了保卫领地，它们会像小狼一样嚎叫。

蝙蝠有什么"怪癖"吗？

它们飞出洞穴时总是先向左转。

考拉闻起来是什么味道呢？

如果用手轻轻地抚摸考拉的皮毛，手指上会留下桉树的味道——桉树叶是考拉最喜欢的食物！

跳蛛是如何跳跃的呢？

与人类不同，跳蛛不是利用肌肉实现跳跃，而是利用液压系统使腿部迅速变硬，推动自己跳跃。

鸵鸟真的会把脑袋埋在沙子里吗？

不会的。如果鸵鸟真的把脑袋埋在沙子里，会窒息而死的。

人类记录的首个灭绝物种是什么？

渡渡鸟。这种鸟在被人类发现后仅仅 200 年的时间里，便由于人类的捕杀和人类活动的影响彻底绝灭。

鸟能预报天气吗？

当预感到恶劣天气即将到来时，槲鸫（hú dōng）会站在树顶或屋顶上鸣叫，它也因此被称为"风暴鸟"。

植物和动物会"相亲相爱"吗？

丝兰和丝兰蛾完全依靠彼此生存——丝兰为丝兰蛾提供食物，丝兰蛾则是唯一能为丝兰传粉的昆虫。

盲鳗是如何保护自己的？

盲鳗能分泌出一种特殊的黏液，可将四周海水黏成一团，在敌人遇到这种黏液迷茫之时，盲鳗早已逃之夭夭。

马究竟能跑多快呢?

通常来说,马行走时很有节奏,步伐按速度快慢可以分为4种:慢步、快步、跑步、袭步。其中,速度最快的步伐是袭步,当马狂奔时,速度可高达70千米/小时。

海豚会流泪吗?

会的。海豚的眼睛总是在流泪。这并不是因为海豚感到悲伤,而是眼泪能让眼睛保持洁净。

鸟类家族中数量最多的是谁呢?

家养的鸡。它们的数量要远远多于自然界中任何其他的鸟类。